JN047046

「未利用魚」から生まれた奇跡の灰干し弁当ものがたり

捨てられる魚たち

椰木春幸（なぎしゅんこう）

講談社

おもな未利用魚の一覧

キュウセン（アオベラ）

関西地方などでは食べられるが、あざやかな青緑色をしているためか、関東などではあまり食べられない。また骨が固くて食べにくい。ただ、味自体はすっきりしていて、刺身やからあげなどにするとおいしい。

ミノカサゴ

ヒレのトゲに毒があるため、釣り人のあいだでは厄介者としてあつかわれる。塩焼きにしたり煮つけにしたりするとおいしい。

ホシザメ

見た目がサメそのものなのであまり人気がない。カマボコなどの原料（げんりょう）としてつかわれることもあるが、時間がたつとサメ特有（とくゆう）のアンモニア臭（しゅう）がする。福岡県（ふくおかけん）では干物（ひもの）にしたあと甘辛（あまから）い汁（しる）に漬（つ）けた「ノウサバ」という料理（りょうり）になることも。

ブダイ

オスは体が青みがかっていて、メスは赤みがかっている。内臓（ないぞう）にくさみがある。ブダイの身（み）自体は美味（びみ）で、とくに冬になると脂（あぶら）がのる。

ゴンズイ

ナマズの仲間（なかま）で背（せ）ビレと胸（むな）ビレに毒（どく）のトゲがある。ただ、毒針（どくばり）さえうまく取（と）りのぞけばおいしい。みそ汁（しる）の具材（ぐざい）などとしてつかわれることも。

ハチビキ

見た目も身も赤く、血の色を連想させるので、むかしから人気がない。味はおいしく、刺身などでも食べられる。

オオメハタ

体のわりに大きな目玉が特徴的で、かつ体が小さいので流通されにくい。ただ、シロムツともよばれるほどアカムツ（ノドグロ）と似ておいしい。

アカエイ

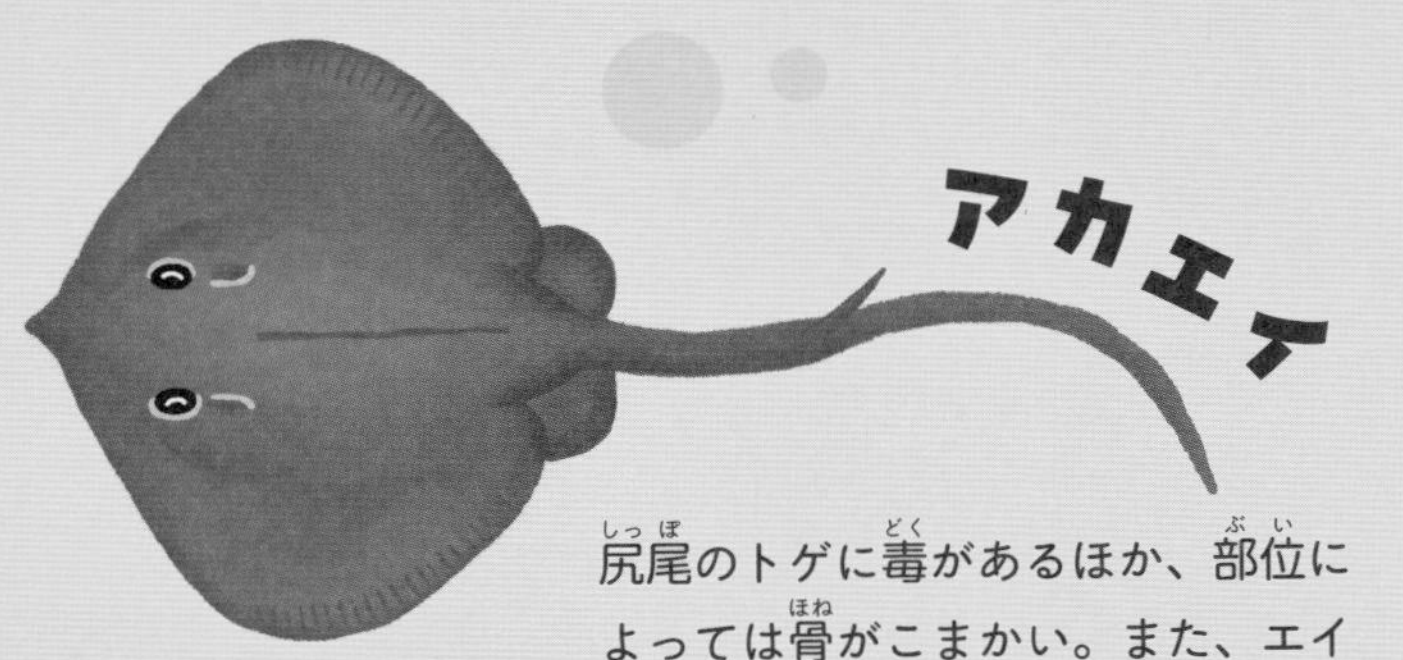

尻尾のトゲに毒があるほか、部位によっては骨がこまかい。また、エイを食べる習慣がない人が多いので、人気がない。ただし、エイのなかでいちばんおいしいともいわれ、クセがなく食べやすい。

ツバメウオ

いかにも熱帯魚という見た目のため、日本人だと食欲がなくなる人が多い。ただ身はしっかりしていて、刺身やソテーなどにするとおいしく食べられる。

ハガツオ

カツオとは別の魚。身がやわらかく、足が早い（腐りやすい）ので加工しにくい。カツオとサワラの中間くらいの味とも表現される。

ウツボ

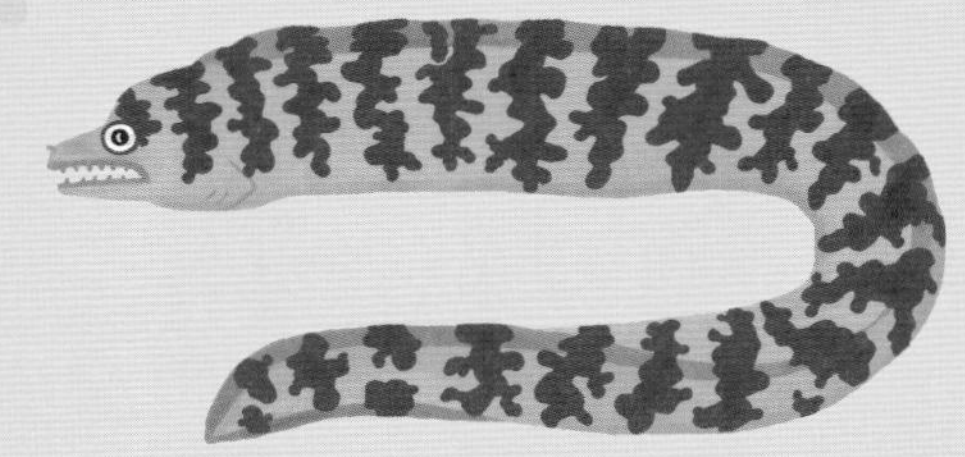

見た目から食べようとする人が少なく、釣り人からも邪険にされがち。小骨が多いが、身はうまみが多いので、高知県などでは郷土料理にもなっている。

著者のやっている「高校生レストラン」の様子

学校の調理室で生徒さんたちに料理を教える著者

メニューのひとつである茶碗蒸し。このあと蒸し上げて完成する

来てくれたお客様に感謝の気持ちを伝える

「桜島灰干し弁当」の製造の様子

切り身にした魚をきれいに加工した火山灰などではさんで灰干しにしていく

お弁当はいまでもひとつひとつ著者が手づくりしている

完成した「桜島灰干し弁当」

はじめに

漁師さんはとった魚の3割を捨てている

みなさんは、魚料理は好きでしょうか。

日本料理に欠かせないものといったら、魚や貝、タコ、イカ、エビなどの魚介類です。日本は東西南北を海にかこまれた島国ですから、日本人はむかしから、そうした「海の幸」を食べて暮らしてきました。

しかし、**じつは漁師さんたちのとっている魚の3割ほどが、そのまま捨てられてしまっています。**

日本の2022年の漁獲量（養殖をのぞく）が約300万トン（1トン＝1000キログラム）ですから、これで計算すると、**100万トン近くもの魚が捨**

てられてしまっている可能性があるということです。

このように捨てられたりして市場に出まわらない魚を「**未利用魚**」などといいます。大人でも、こんなにたくさんの魚が捨てられていることを知らない人はたくさんいます。

漁師さんからいわれた衝撃的な言葉

ぼくがこうした捨てられる魚のことを知ったのは、ぼくの地元・鹿児島県の漁師さんと話をしたときに、次のようなことをいわれたからです。

「**おれら漁師は、釣れた魚の半分を捨てている。こんなバカみたいな仕事があっていいと思うか。息子には、とてもあとを継がせられない**」

この言葉からもわかるように、漁師さんだって捨てたくて捨てているのではありません。くわしくは第1章で説明しますが、魚を捨てなければいけない、いろいろな理由があるのです。

ぼくはこの話を聞いてから、魚をあつかう料理人として、この問題をなんとかすることはできないものかと考えました。

そもそも、日本には**「もったいない」という精神**があります。

日本料理にも、この「もったいない精神」があります。

たとえば、日本では食事をする前に**「いただきます」**といいますね。

これは肉や野菜、そして魚など、ほかの「いのち」を自分の血肉にするためにいただくことを、それらの「いのち」をはぐくむ大自然に感謝する言葉です。

そうした「いのち」を料理する自分が、この問題から目をそむけてはいけないと考えたのです。

魚が捨てられていると知ったあと、ぼくは試行錯誤のすえに、**「桜島灰干し弁当」**をつくりました。未利用魚でお弁当をつくったのです。

このお弁当は「第11回　九州駅弁グランプリ」で第2位となり、さらに農林水産省の「フード・アクション・ニッポン　アワード２０１４」の「食文化賞」も受賞しました。そして、多くのメディアにも取り上げていただきました。

もちろん、このお弁当だけで未利用魚の問題が解決できるわけではありません。

でも、**多くの人に未利用魚という問題を知ってもらうきっかけになっています。**

多くの日本人が、日本の食文化を知らない

ぼくがこの本でみなさんにお伝えしたいことは、次のふたつです。

①未利用魚をきっかけにフードロス問題に関心をもってほしい

②日本の食文化、伝統について知ってほしい

農林水産省と環境省の資料によれば、２０２１年には、日本では約５２０万トンもの食べものが捨てられたといいます。

こうした、食べられるのに捨てられてしまう食べものの問題を**「フードロス問**

題」といいます。これはほんとうに「もったいない」ことです。

また、日本人の伝統的な食文化である**「和食」**は、2013年にユネスコ無形文化遺産に登録されました。日本の食文化が、未来に向けて守っていくべきものであると認められたということです。

でも、これは裏を返せば、そのように**「保護」していかないと消えてしまうかもしれない……**ということだとも考えられます。

実際、ぼくは人々に料理を伝えるなかで、多くの人が日本の食文化について知らないということがわかりました。

日本の食文化は奥深いものなので、とてもこの1冊では伝えきれません。

でも、この本をきっかけにして、ひとりでも多くの人がフードロス問題や、日本の食文化に関心をもってくれれば、とてもうれしく思います。

どうして魚は捨てられるのか

第2章

地元・鹿児島で「未利用魚」のことを知るまで

第3章

苦難の果てに誕生した奇跡の「灰干し弁当」

もくじ

いまこそ知りたい和食のマナー

協力：岡崎かつひろ
装丁：渡邊民人（TYPEFACE）
本文デザイン：森岡菜々（TYPEFACE）
DTP：Studio Bozz
装画・イラスト：倉本トルル

第1章

どうして魚は捨てられるのか

魚が捨てられる3つの大きな理由

国際連合（国連）の専門機関のひとつに国連食糧農業機関（ＦＡＯ）があります。

これは世界から飢餓をなくすためにさまざまな活動をしている組織です。

このＦＡＯが２０２０年に発表した「世界漁業・養殖業白書」で、じつは**世界で水揚げされた魚のうち、30〜35パーセントが捨てられている**という報告がされているのです。

このうち、**「人間が食べられるものなのに、なんらかの理由で市場に出まわらない魚」**を**「未利用魚」**などといいます。

いま、世界ではこうした未利用魚を、もっとうまく活用できないかが課題になっています。

せっかく水揚げした魚を捨ててしまうのには、さまざまな理由があります。

たとえば、おもな理由は、次のようなものがあります。

1 規格外だから

とれた魚は漁港で取り引きされます。そうした取引をスムーズにしたり、運びやすくしたりするために、魚市場では**「規格」**というものが決められています。規格よりも小さすぎる（軽すぎる）、あるいは大きすぎる（重すぎる）魚だと取り引きされないため、捨てられてしまいます。

2 見た目が悪いから

船の上で作業していると、網やほかの魚とこすれたりして、魚にキズがついてしまうことがあります。そういう魚は値段がつかないことが多く、そのまま捨てられてしまうのです。キズの程度にもよりますが、**ただ見た目が悪いだけで、味は変わらないことが多い**です。

3 値段がつきにくい魚だから

私たちの食卓によくのぼる魚といえばサバ、アジ、サケなどがあります。でも、海のなかには数えきれないくらい、たくさんの種類の魚がいます。

そうした魚のなかには、

- **見慣れない・聞き慣れないので、だれも買ってくれない魚**
- **そもそも、どうやって食べればいいのか、みんなが知らない魚**
- **毒やトゲなどのせいで、調理や加工に手間ひまがかかる魚**

などがあります。

こうした魚はやはり捨てられることがあるのです。

売れば売るほど赤字になる魚

漁師さんたちは魚をとって、それを売って生活しています。**未利用魚とよばれる**

魚は、売ろうとしてもとても安い値段しかつかないので、捨ててしまうのです。

たとえば、アジやサバなど人気の魚は1キログラムあたり500～1000円くらいで取り引きされることが多いです。

でも、未利用魚は1キログラムで50円以下の値段しかつきません。

「少しでもお金になるなら、売ったほうがいいんじゃないの？」

と思う人がいるかもしれません。

でも、**魚を市場で売るには、魚を入れる箱や、鮮度を保つための氷が必要です。**

そうした箱や氷は、漁師さんたちが自分のお金で買わなければいけません。

1キログラム50円で魚が売れても、**箱代や氷代を差し引くと、漁師さんは損をしてしまう**のです。

こうした理由から、漁師さんたちは「魚を捨ててしまうのはもったいない」と思いつつも、自分たちの生活を守るために魚を捨てざるをえないのです。

いま「未利用魚」に注目が集まるワケ

こうした未利用魚の問題は最近生まれたわけではありません。むかしから、人々の好みなどの理由から捨てられる魚はありました。

ではなぜ、いま未利用魚が問題視されているのでしょうか。

ひとつ目の理由は、**日本の漁業を守るため**です。

水産庁が公表している令和元年度の水産白書によれば、1988年から2018年の30年間で、漁業に従事する人の数は半分以下になっています。

漁師さんの数が減っている理由はいろいろありますが、9ページでぼくがいわれた漁師さんの言葉のように、せっかくの仕事が無駄になっていることも理由のひとつと考えられます。

未利用魚を活用することが、生産性を高め、日本の漁業の活性化につながるかもしれないと期待されているのです。

ふたつ目の理由は、**「特定の魚ばかりをとりつづけると、海の生態系をこわしてしまうかもしれない」**からです。

「よく食べられる魚」と「あまり食べられない魚」があれば、漁師さんたちは、「よく食べられる魚」ばかりをとろうとします。でも、特定の魚ばかりをとると、海の生態系をこわしてしまいます。

自然の生態系は複雑なバランスのもとに成り立っています。

だから、そのように生態系のバランスがくずれることで、私たちがふだん食べている魚まで減ることも起こりうるのです。

未利用魚の活用とSDGs

国連が2015年にかかげた**「持続可能な開発目標（通称SDGs）」**では、人

類が地球で暮らしつづけるために、2030年までに達成するべき17の目標が定められています。そのなかには、

〈12〉つくる責任　つかう責任

〈14〉海の豊かさを守ろう

というものがあります。**「食べものを大事にすること」「海の生態系を守ること」**が、重視されているということです。

こうしたことから、未利用魚をなんとかしよう、という機運が世界全体で高まっているのです。

海の生態系の変化はすでに始まっている

では実際、日本の漁師さんたちは、どういうところで困っているのでしょうか。

ぼくが暮らしている九州・鹿児島の漁師さんたちから聞いた話をお伝えします。

彼らによると、この5年くらいで、**それまで日本近海ではあまりとれなかった、もっと南のほうにいるカラフルな魚がよくとれるようになった**といいます。

たとえば鹿児島で「**モハメ**」とよばれる**ブダイ**という魚は、あざやかな赤色や青色をしているものがいます。

ブダイは煮つけにするとおいしいのですが、名前もあまり知られていませんし、見た目からあまりおいしくないように感じられます。

また、内臓に毒がある種類もいるため、調理するときに注意が必要です。

ほかにも、近年は**アカエイ**などが大量発生していて、これも漁師さんを困らせています。

アカエイは群れで暮らす魚で、バキュームカーのように砂をすい、そのなかのアサリなどを食べてしまいます。そのせいもあってか、九州ではアサリが減ってきているのです。

アカエイの身は、新鮮なものだと、くさみはないのですが、時間がたつとアンモニアという成分のせいで、おしっこのようなにおいになります。

そのため、地元の人以外はほとんど食べません。ただ、やはり煮つけや、からあげにすると、とてもおいしく食べられる魚です。

全国を回ってその土地の漁師さんに話を聞くと、同じような変化をよく耳にします。たとえば、おもに西日本でとられてきた**タチウオ**が、宮城県の気仙沼でとれるようになったとか、本来であれば北海道ではとれない**ブリ**がとれるようになった……などです。

「タチウオやブリなど、もともと食用として利用されていた魚がとれるならいいじゃないか」と考えてしまいがちですが、そう単純な話でもありません。

なぜなら、**それまでその海でとれていた魚がとれなくなるからです。**

漁師さんたちは自分たちの海で、どんな時期にどのポイントに行けば、どんな魚がとれるのかを考えながら漁をします。

そうしたリズムがくずれてしまうせいで、魚がまったくとれなくなり、漁業をやめてしまう漁師さんも少なくないのです。

最近になってから食べられるようになった魚も多い

未利用魚の問題を解決するための方法はいろいろあります。

そのなかで私たちにもできるいちばんかんたんな方法は、**「未利用魚を『未利用』にしない」**ということ。つまり、**「知らない魚だから買わない・食べない」**ということをやめるということです。

魚が捨てられたり、そのせいで漁師さんたちが困ったりしてしまうのは、人々が**「これは食べる」「これは食べない」と線引きするから**です。

みんなが線引きをすると、たとえば大手チェーンのスーパーマーケットや飲食店などでもその魚をあつかわなくなります。

逆に、人々がこれまで捨てられていた魚でも食べてくれれば、スーパーマーケットが未利用魚を売ったり、飲食店が未利用魚をつかったメニューをつくったりするようになるでしょう。

実際に、**むかしは人気がなかったけれど、いまでは人気が出て、ふつうに食べられるようになった魚もあります。**

たとえば、いまでは高級魚として人気のある**ノドグロ**（アカムツ）も、むかしは人気がなくて捨てられる「未利用魚」でした。

ノドグロは身がやわらかいのですが、むかしの人はしっかりとした身の魚が好きだったので、捨てられていたとされています。

また、**メヒカリ**（アオメエソ）という、大きな緑色の目の魚も、最近になってから食べられるようになりました。メヒカリは海の深いところにいる深海魚で、鹿児島でよくとれるタカエビ（ヒゲナガエビ）といっしょにとれる魚です。

むかしは目玉が気持ちわるいといわれていたようですが、近年は「じつはおいしい」と知られるようになり、食べられるようになりました。

魚を加工して食べやすくすることの意味

未利用魚をうまく活用するには、漁業関係者の人たちの努力も大切です。そもそも、未利用魚がいろいろなお店に出まわらないと、ふつうの人がそれを買うことも、食べることもできないからです。

そのために必要なのは、漁業関係者の人たちの情報発信です。「この魚は、じつはおいしいですよ」ということを、みんなに知らせることが必要でしょう。

もうひとつ大切なのは、**未利用魚を加工して、食べやすくすることです。**

残念なことですが、日本ではどんどん魚の消費量が減っています。

もちろん人口が減っていることも理由のひとつですが、

● **魚を家で料理すると、キッチンが生ぐさくなる**

●魚にあまりさわりたくない
●そもそも魚のさばき方がわからない
●骨がある魚を食べるのはめんどうくさい

などの理由から、魚がイヤがられているのです。

そのため、そうした人々にも未利用魚を食べてもらえるように、**あらかじめ骨をとっておく、調理して真空パックにする、など**の**加工が必要**になります。

もちろん、和食文化を伝えているぼくとしては、できればすべての日本人に魚のさばき方を知ってほしいし、骨があってもきれいに魚を食べられる作法を身につけてほしいと思っています。

とはいえ、いろいろなものが手軽に、便利になっているいまの時代に、それらを人々に強いるのはむずかしいでしょう。

だから、そうした加工をして、手軽に魚を食べられるようにすることには意味があると思っています。

これからの社会でどんな仕事にも必要なこと

魚を加工して販売することは、じつは漁師さんにもメリットがあります。**加工するにはもちろん道具や手間が必要になりますが、その分だけ高く販売できるため、儲けが大きくなることが多い**からです。

これまでの漁師さんは、海で魚をとって、それをそのまま売ればうまくいっていました。

しかし、いまの時代はそれだけではむずかしくなっています。**「どうすれば自分の魚が売れるか」を、漁師さん一人ひとりが考え、工夫しなければいけない時代になっている**のです。

これは料理人も同じです。いまの料理人は、ただおいしい料理がつくれるだけではなかなかうまくいきません。おいしい料理がつくれるのは当たり前で、そこに

「考える力」が求められます。

それこそ日本の外食はレベルが高いので、どんなお店に行っても、おいしい料理が食べられます。

だからこそ、**「わざわざそのお店に行って食べたい料理」**を考えて、提供できる料理人なのかどうかが大切になってきているのです。

これは漁師さんや料理人だけではなく、すべての仕事に共通することでしょう。

AI（人工知能）などのテクノロジーはすごいスピードで進歩し、かんたんな作業なら、人間がやるよりも機械がやったほうが早くて、正確なことがたくさんあります。

そうした社会で生きていくには、**「どうすればよりよい成果が得られるのか」を自分の頭で考え、それを実行していく力が、どんな場所でも大切になっていく**はずです。

第2章

地元・鹿児島で「未利用魚」のことを知るまで

脳梗塞でたおれた母の看病のために鹿児島へ

2003年、大阪の日本料理店で総料理長をしていた34歳のぼくは、鹿児島の実家に帰ってきました。

60歳をこえた母が脳梗塞でたおれたからです。

ぼくの母はたいへん元気な人で、毎日のように焼酎を1升（約1・8リットル）も飲むような人でした。でも、病気になったときは、心身ともにすっかり参っていたようで、「そばにいてほしい」と弱々しくいわれました。

そこでぼくは、**当時の職場をやめて、母と暮らすために、鹿児島にもどることにした**のです。

でも、**この決断は勇気がいるものでした。**ぼくは専門学校を卒業してから、京都の老舗料亭で修業し、30代前半でホテルや日本料理店などで総料理長を務めるなど、料理人としてかなり順調に出世していたからです。**お店をやめて鹿児島にもどるということは、そうしたキャリアをすべて捨てることを意味します。**実際、ぼくはまわりの料理人たちから「椥木は料理人として終わった」と、面と向かっていわれたこともあります。

「自分がすべきことはなにか」を考えた

それでもぼくが鹿児島に帰ってきた理由は、もちろん母のそばにいてあげたいからというのもありますが、それだけではありませんでした。設備がととのった環境で、最高級の食材をつかったおいしい料理をお客様に提供するのも、とても楽しい、充実した仕事でした。

でも、「**自分がすべきことはほかにあるのではないか**」という思いが、当時のぼくの胸のなかにはくすぶっていたのです。

そうしたわだかまりを抱えているときに母がたおれ、鹿児島にもどる状況が生まれたことに、ぼくはなにか、**自分の人生を変える意味**がある気がしました。鹿児島に帰ってきたぼくは、しばらく母の世話にかかりきりになっていました。しかしほんとうに幸いなことに、母の病状は病院の先生もおどろくほど早く回復し、元気になりました。

となると、次は自分でお金をかせいで、生活する必要があります。そこでぼくが始めたのが、料理教室でした。

ただ料理を教えるだけではない料理教室

なぜ飲食店ではなく、料理教室を始めたのか。それは、**ふだんの家庭での食を通じて、人々の健康維持のサポートをしたい**と考えたからです。

料理人時代、ぼくはお客様としていらしていた大学の先生や、お医者さんなどから、「医食同源」というものの大切さを学びました。

これは、ふだんの食べものによって病気を防いだりできるという考え方です。

ぼくは24歳のときに父を亡くし、母もまた脳梗塞にたおれました。

そのため、**料理人として学んだ知識や経験を活かして、体にいい料理を教えることで、ふだんの食生活からみんなの健康に役立ちたい**と考えたのです。

そこで、かごしま県民交流センターの一室をお借りして「らく楽料理教室」を開くことにしました。

そのころは、パソコンがやっと一般家庭にも広まってきた時代です。ぼくはパソコンとプリンターを買って、料理教室を知らせるチラシをつくりました。

それを5万枚くらい刷って、各家庭のポストに投げこんだのです。

そうした泥くさい努力のおかげもあってか、料理教室には20人くらいの生徒さんが集まってくれました。

和食の料理人は調味料を量らない？

料理教室で主婦（主夫）の方たちに料理を教えるようになって、ぼく自身も学んだ大切なことがあります。

じつは和食のプロの料理人は、料理に入れる調味料をしっかり分量を量ってつかうことが、ほとんどありません。

塩でも酒でも、これまでの自分の経験から「これくらい」という肌感覚でつかっています。においや色などで判断しているわけです。

でも、そんな教え方では一般の人たちは困ってしまいます。ぼくは生徒さんから何度も「先生、それじゃわかりません」といわれました。そこから**ぼくは料理をするときにしっかり調味料の分量などを量るようになった**のです。

そうすると、「レシピ」がつくれるようになりました。

これは、料理人をしつづけていたら、できなかったことでしょう。この経験はのちに、商品開発をするときにも役立ちました。

また、この料理教室を通じて、**料理人の当たり前が、ふつうの人にとっては当たり前ではない、**ということもわかりました。

たとえば、料理人はキュウリをつかうときに「板ずり」といって、キュウリに塩をまぶしてまな板の上で転がします。

こうすることで表面のイボを取りのぞき、色をあざやかにできるのです。

でも、ふだん料理をしている人でも、これは当たり前のことではないことがわかったのです。

ぼくはいま、全国の小・中学校、高校などで、保護者の方や子どもたちへの**食育講演、食育授業**をしています。

その活動も、この料理教室で教えたときの経験から、**子どもたちに料理についての基本的な知識を学ぶ場所を提供したい**と思い、始めたものです。

料理教室が人気になり講演依頼がやってくる

最初は20人くらいの生徒さんでスタートした「らく楽料理教室」は、ありがたいことにどんどん生徒さんが増えていきました。

そのため、2008年には鹿児島市でいちばんの繁華街である天文館でビルのフロアを借り、料理スタジオをつくりました。

また、同年には、料理スタジオと同じフロアに、2005年にやはり天文館にオープンしていた「おまかせ料理　樹楽」という飲食店を移転。完全予約制の会席料理店で、メニューがなく、旬の食材を用いたコース料理をお出ししました。

それはなぜかというと、料理教室の生徒さんから「先生の料理を、お金を払って食べたい」とリクエストされたからです。

なお、このころから**「食育」**や**「日本の食文化」**をテーマに企業や自治体などから講演を依頼されることが多くなりました。

さらに鹿児島テレビ放送の人から連絡をもらい、夕方の情報番組の料理コーナーに出演することにもなりました。

このように活動のはばがどんどん広がっていったとき、またしても、**ぼくの運命を変える大きなできごと**が起こりました。

椰木という男は、ヒット商品をつくるのがうまいらしい

2010年、とある人から「**地域活性化事業に対して国から補助金を出す仕組みがあるから、それに応募してみないか**」と誘われたのです。

そこで、いくつかのアイディアを考えて提案したところ、補助金を受けることができました。

そこからぼくは、**地域の食材をつかった商品**をいくつかつくりました。

そのなかでとくに大きな成功を収めたのが、鹿児島県の日置市というところの大豆をつかった、豆乳とみそからつくる鍋スープです。

これが想像をこえる大ヒット商品となり、メディアでも数多く取り上げられ、開発者であるぼくもインタビューされたりしました。

そこから**「椰木という男は、ヒット商品をつくるのがうまいらしい」**といううわさが広まり、２０１１年に漁師さんから、

「自分たちが捨ててしまう魚をつかって、なにかつくれないか」

という相談をいただいたのです。

未利用魚を「1キログラム350円で買う」という決断

相談を聞いて、ぼくはそこでようやく**「未利用魚」という問題が漁師さんたちを悩ませている**ことを知りました。そして話を聞くうちに、料理人として、その未利

用魚をなんとかしたいと考えたのです。

　ぼくはその漁師さんにたずねました。

「わかりました。その売れない魚をなんとかしましょう。その魚、どのくらいの値段で買ったらいいですか」

「１キログラムあたり３５０円で買いとってくれれば、すべての漁師が泣いてよろこびます」

　そのときのぼくは、**漁師さんの提示した金額におどろきました。**

　というのも、正直なところ、ぼくは「１キログラムあたり１００円で買えば、それで十分、助けになるだろう」と考えていたからです。

　未利用魚というのは、ふつうの市場に出しても1キログラムあたり50円以下にしかならない魚です。

　そんな魚を7倍もの値段で買いとるのは、ふつうはありえません。

　ただ、これはちょっとはずかしい話ですが、鹿児島市内でいろいろなことがうまく回っていた当時のぼくは、ちょっとしたヒーロー気分になっていました。

さらに当時、テレビで、とある会社の社長さんが、

「社内で『これは売れない』と反対された商品のほうが売れる」

という話をしていたのが印象に残っていたところでした。

そのため、

「みんなが『売れない』と思っている魚こそ、売れるはずだ」

と考えたぼくは、へんな男気を見せてしまったのです。

「わかりました。その魚、１キログラム３５０円で買いましょう」

当時のぼくは、この判断がとんでもない苦難を自分にまねくことを、まだ知らなかったのです。

第3章

苦難の果てに誕生した奇跡の「灰干し弁当」

使い道のわからない未利用魚だけが増えていく

困っている漁師さんを助けるため、ふつうだったら1キログラム50円以下の値段にしかならない未利用魚を、1キログラム350円で買うと返答したところ、たいへんなことが起こりました。

「梛木という男が、捨ててしまうような魚でも、1キログラム350円で買ってくれるらしい」

そんな話が、あっという間に漁師さんたちに広まったのです。

そこからは電話の嵐です。いろいろな漁師さんから**「自分の魚も買いとってほしい」**という相談が、途切れることなくやってきました。

ある漁師さんの魚だけ買いとって、ほかの漁師さんの魚は買いとらない……というのは不公平です。こうなったら、すべてに応じるしかありません。

その結果、多いときにはまとめて数トン（1トン＝1000キログラム）もの未利用魚を買いとったこともありました。

しかし、**このときにはまだ、ぼくは未利用魚をどうやって商品化すればいいのか、なにも思いついていません。**にもかかわらず、ぼくのもとには次から次へと未利用魚が集まってきます。

そのままほうっておいたら、魚は腐ってしまいます。ぼくはあわてて冷凍倉庫を借りて、そこに未利用魚をどんどん入れていきました。

こうなると、**未利用魚の買いとり料金だけではなく、冷凍倉庫の使用料の支払いも毎月発生します。**ぼくは急いで未利用魚の商品開発に取りかかりました。

しかし、ふつうの干物にしたり、加工したりしたいろいろな商品をつくっても、サッパリ売れません。

というのも、同じような商品はすでにたくさんあって、もっとメジャーな魚やおいしい魚をつかったものが多かったからです。未利用魚をつかってそれと同じようなものをつくっても、売れるわけがありません。商品開発や、商品をつくるためのお金ばかりがどんどん出ていき、焦りがつのりました。

和歌山県でつくっていた「灰干し」の発見

いよいよ困ったぼくは、すがるような思いで、なにか未利用魚をつかった商品ができないものか、情報を集めつづけます。

そのときにたまたま見つけたのが、大妻女子大学の干川剛史教授が提唱していた**「灰干しプロジェクト」**でした。

これは、東京都の南にある伊豆諸島のひとつである三宅島で、2000年に起きた火山噴火により被災した人々の生活を助けるためのプロジェクトです。

ぼくもこのとき初めて知ったのですが、干物のなかには火山灰をつかって魚を乾燥させる**「灰干し」**という手法があります。

干川教授は、三宅島の火山灰と、ゴマサバ、トビウオといった三宅島周辺でとれる魚をつかい、灰干しを名産品のひとつとして売ることで、被災した人たちの生活を助けようという計画を立てて実行していたのです。

「灰干し」に興味をもったぼくがさらに調べてみると、**じつは和歌山県では60年以上前から灰干しがつくられている**ことがわかりました。

和歌山県はむかしから漁業が盛んで、魚を干物にしていました。

最初は天日で干していたようですが、天日干しは天気に左右されます。

そこで、天気に左右されずに魚から水分を抜くため、砂ではさんで魚の水分を抜く**「砂干し」**が行われます。

その後、より水分を吸収しやすい木の灰をつかった**「灰干し」**になります。

ただ、木の灰はつぶがこまかすぎて空気中にまいあがり、作業がしにくい。

そこで、いまはもっと作業がしやすい火山灰をつかっているとのことでした。

そして、ここにぼくはおどろいたのですが、その**火山灰の「灰干し」に、鹿児島**

県の桜島の火山灰がつかわれることもあるということだったのです。

これを知ったとき、ぼくの頭のなかにはイナズマが走りました。

「灯台下暗し」とはまさにこのことです。

せっかく鹿児島には、日本を代表する火山、桜島がある。

だから、**桜島の火山灰と鹿児島の海でとれた未利用魚をつかった灰干しをつくれば、薩摩（鹿児島の旧名）の名物にできる。**

このアイディアにはみんなが賛成するだろうと、そのときのぼくは思いました。

でも、現実はそんなにあまくはなかったのです。

灰干しはこうやってつくられる

ここで、灰干しのつくり方を説明しましょう。

まず木箱のなかに火山灰をしきつめます。

その上にサラシ（もめんの布）をしき、さらにその上にとくべつな植物性フィルムをしきます。このフィルムは火山灰や空気をとおさず、水分だけをとおすようになっています。

その上に魚を置いて、フィルム、サラシ、火山灰ではさみます。

これで7〜8度の冷蔵庫に3日間置けば、灰干しのできあがりです。

こうしてつくった灰干しを食べてみて、ぼくはそのおいしさにおどろきました。

魚の生ぐささがまったくなく、冷蔵庫で熟成されたことで生まれた「うまみ」が強烈に感じられます。

魚の生ぐささというのは、魚の水分を抜くことで、減らせます。

たとえば、和食の料理人は魚を調理するとき、まず切り身に塩をふります。

でもこれは、味をつけるためではありません。

塩をふると、塩分濃度のちがいで魚の身の水分が表面に出てきます。それをぬぐいとることで、魚のくさみをおさえるのです。

魚を天日で干すと、たしかに水分が抜けますが、魚のくさみが残ることがあります。これは空気に長い時間ふれて、魚の身が空気のなかの酸素とむすびつき「酸化」するからです。

干物の身は、生魚よりも黄色っぽく見えますが、これは酸化しているからです。

魚が好きな人は、天日干しの干物を焼いたときのにおいを「おいしそう」と感じますが、魚が苦手な人は、天日干しの干物のにおいが苦手なことも多いのです。

灰干しの場合、火山灰ではさんで、空気にふれさせないようにしながら、水分とくさみだけを抜いていきます。そのため、魚のくさみがしっかりなくなり、うまみだけを感じられるようになるのです。

ただ、自分でつくってみた灰干しはたしかにおいしいのですが、「このままだとほかの灰干し商品と同じだ」とぼくは感じました。

そこで、いろいろ工夫をくわえました。

ひとつ目は、**魚を切り身にした**ことです。

ほかの灰干し商品は、魚を開いた状態で灰干しにしていることがあります。これだと骨が残ったままです。そこで、ぼくは**切り身にする段階で骨を取りのぞき、より手軽に食べてもらえるようにしました。**

もうひとつは、灰干しにするときに**特製の塩こうじで味つけ**したことです。塩こうじは塩と水と麹（蒸し米にコウジカビなどの微生物を繁殖させたもの）をまぜて発酵させた調味料です。塩こうじに漬けると、魚の身のデンプンやタンパク質が、糖やアミノ酸などのうまみ成分に分解されます。**灰干しするときに、塩こうじといっしょにすることで、さらにうまみを増すことに成功しました。**

この製造法をあみだしたぼくは「ぜったいに、これは売れる」と確信したのです。

保健所から注意をされる

しかし、ここでまたひとつ別の問題が発生しました。

保健所から「**火山灰をそのまま調理につかうのはダメ**」といわれたのです。火山灰には二酸化硫黄や硫化水素など、人体に有害な物質がついているため、そのままつかうのはダメだというのです。

そこで、ぼくは火山灰の有害物質を取りのぞく加工をすることにしました。まず、火山灰を水とまぜます。そのまま半日ほど置いておくと、火山灰は水の底に沈殿するので、上ずみの水を捨てて、火山灰を布でこします。その後、10日ほど天日で干して、さらに300度のオーブンで火山灰を焼いたのです。

このような加工をしたところ、食品の調理につかってもいいという保健所のOKが出ました。

「火山灰＝厄介者」という鹿児島県民の意識

さて、こうして自信満々でぼくは「桜島の灰干し」を商品化しました。

自分が出演していたテレビ番組の関係者の人などを通じて、この商品はテレビや新聞記事など、いろいろなメディアで取り上げていただきました。

しかし結論からいうと、**この桜島の火山灰をつかった灰干しは、周囲の人ほぼすべてから大ひんしゅくを買いました。**

親族や友人、知り合いなどからは「**こんなものをつくるなんて、おかしくなったんじゃないか**」といわれました。

また、それまで仲よくしてくれていた飲食関係の社長さんや、関係者の人たちからは、明らかに無視をされるようになったのです。

なぜ、桜島の灰干しが、こんなにもきらわれてしまったのか。

それは、**鹿児島では「火山灰＝厄介者」という悪いイメージがあった**からです。

火山灰と食べものを組み合わせることが、受け入れられませんでした。

桜島はいまでも噴火をしています。

ちょっと前などは1日に3～4回くらい噴火していた時期もあり、つねに街中に火山灰がふりそそいでいました。

火山灰は鹿児島市をはじめとした周辺の人々にとっては、悩みのタネです。洗濯物は外に干せないし、車や窓ガラスはよごれます。火山灰がたくさんふる日は、マスクをしたり、カサをさしたりしないと、外も歩けません。

このように、**鹿児島の人たちには「火山灰は悪いもの」という先入観がありました。**そのため、火山灰をつかって干物をつくってもおいしいはずがない、売れるわけがない、という思いこみが根強かったのです。

それでも、ぼくは少しでも多くの人に食べてもらおうと、道の駅などにテントを出して、無料の試食会を何度も開きました。

しかし、そこでも人々の拒否反応にあいました。

灰干しを手にとってくれた人に「これ、桜島の火山灰で干物にしたんですよ」と説明したとたん、**「なんてものを食わせるんだ！」**と怒鳴られ、顔に投げつけられたことも10回ほどあります。

ぼくが思っている以上に、火山灰は鹿児島の人たちにきらわれていたのです。

6人いた従業員の5人がいっせいにやめた

しかし、それでもあきらめられなかったぼくは、この灰干しにより集中するため、ひとつの決断をしました。**天文館のお店を閉め、鹿児島県姶良市というところに事務所を移す**ことにしたのです。

お店をやっていると、どうしても時間や労力がとられます。また、天文館は家賃が高いので、もっと家賃の安いところに移り、灰干し事業のためにお金をつかおうと思ったのです。

そうしたら、なにが起こったか。

ぼくの会社の従業員6人のうち、5人がいっせいにやめました。

なにしろ、社長がいきなり「灰干し事業」という、わけのわからないことをやりはじめ、お店を閉めたのですから、当然といえば当然です。料理教室は姶良市に移ったあともつづけましたが、生徒数は10分の1に減ってしまいました。つまり、料理教室の収入も10分の1に減ったということです。**周囲の人ほぼすべてから反対され、従業員からも愛想をつかされたぼくは、これまで感じたことのない、深い孤独を味わいました。**

しかしぼくは、この桜島の火山灰をつかった灰干しのおいしさを信じていました。そして、**「みんなが反対するからこそ、やる価値があるんだ」**と、まったく根拠もないけれど、そう信じていたのです。

それにぼくはこのとき、母が脳梗塞にたおれて、それまで働いていたお店をやめて、鹿児島に帰ってきたときのことを思い出していました。

あのときも、周囲の人からは「料理人としてのキャリアを捨てて、椰木は終わった」といわれました。でも、ぼくは料理教室を開き、地域を盛り上げるための商品開発に取り組んで、うまくいった経験があります。

だから**今回の灰干し事業も、いまは向かい風が吹いているけれども、いつか風向きが変わるだろう**と信じられたのです。

従業員のお給料も払えない状態に

とはいえ、この灰干し事業については、鹿児島に帰ってきたときよりもハードなものになったのは、まちがいありません。

最大の問題は「お金がない」ということでした。

料理人をやめて鹿児島に帰ってきたときは、たしかに料理人としての収入はなくなったけれど、でもそれだけでした。

しかし今回は、未利用魚を買ったり、冷凍倉庫代を払ったり、灰干しの商品開発・製造にお金をつかったりして、どんどんお金が減っていきます。

灰干し事業を思いついて実行に移してから1年くらいはまったく売れない状況がつづき、いよいよ、ぼくの手元にはお金がまったくなくなってしまったのです。

事務所の家賃が払えず、最大で10か月も滞納していました。

電気代が払えず、事務所の電気が止まったこともあります。

苦しいときのぼくを救ったふたりの女性

そのような状態でもなんとかやっていけたのは、**ふたりの協力者がいた**からです。

ひとりは、もともと6人いた従業員のうち、**灰干し事業に専念すると宣言したあとも残ってくれたただひとりの女性社員**でした。

お金がないので、ぼくは彼女のお給料すら払えません。にもかかわらず、この人はほぼ4年間、給料ゼロの状態でぼくを手伝ってくれました。

それだけではありません。いろいろな支払いができずにいたぼくは、彼女にお金も借りました。たとえば、料理の食材を仕入れるための3万円が払えないから貸してくれないか……といったことを何度も繰り返したのです。**給料の未払いもすべて足すと、社員である彼女に、総額500万～600万円ほどは貸してもらった**ことになります。

そしてもうひとり、協力してくれたのがぼくの母です。

母も決して灰干し事業に賛同していたわけではありません。

ただ、料理店を閉めて、従業員がほぼ全員やめても灰干しづくりをつづけるぼくを見て、**「おまえ、本気なんだね」と、500万円を貸してくれた**のです。

ぼくの家は決して裕福ではありません。

それに母も、元気になったとはいえ、そのあとも何度か脳梗塞を経験したり、病院に通っていたりして、その治療にもいろいろとお金がかかります。

それでも、息子であるぼくのことを信じて、お金を貸してくれたのです。

社員の女性にはその後、未払い分の給料などのお金はすべてお支払いしました し、母から借りた500万円も返済しました。いまだにぼくはこのふたりに足を向けて寝ることができないくらい、感謝しています。

灰干しをお弁当にしてみよう！

周囲の人からなかなか認められない灰干しも、いつかはそのおいしさに気づいてもらえるはず。そう信じていたぼくは、残ってくれた社員とふたりで、あちこちの道の駅などで試食会を開きつづけました。

とはいえ、やはり人々の反応は思わしくなく、なかなか灰干しを気に入ってくれる人はあらわれません。

そんなある日のことです。すっかり冷めてしまった灰干しの切り身を、その社員の女性が、ひとくち食べたのです。

これは、ぼくにとって、おどろくべきことでした。

というのも、**彼女は魚ぎらいで、ぼくのつくった灰干しも、それまで一度も食べたことがありませんでした。** そんな彼女が、なんの気まぐれか、よほどおなかが空いていたのか、不意に冷えた灰干しの切り身を食べたのです。

そして彼女は、興奮した様子で、ぼくにこういいました。

「社長！　この冷めた切り身、すごくおいしい！」

ぼくは試作の段階で何度もこの灰干しを食べていましたから、「なにをいまさら……」と最初は思いました。

しかし、よく考えてみると、彼女のいうように「**冷めてもおいしい**」というのは、じつはこの灰干しがもつ、大きな強みなのではないかと気づいたのです。

焼き魚はふつう、焼きたてがいちばんおいしく食べられます。それが冷えてしまうと、また魚の生ぐささがもどってきて、おいしくなくなります。

でも、**灰干しはつくるときに魚のくさみを徹底的に取りのぞくので、調理したあ**

とに冷めても、おいしさが変わらなかったのです。

そこでぼくはさっそく、そうした「冷めてもおいしい灰干し」を活かしたお弁当づくりに取りかかることにしました。

お弁当にこめたさまざまなこだわり

お弁当をつくるとき、ぼくは最初から**「駅弁」**を視野に入れていました。2011年に博多駅から鹿児島中央駅までの、九州新幹線が全線開業していたからです。

そこでぼくは鹿児島中央駅に行き、どんな駅弁が売られているかを調べました。多くの駅弁は、鹿児島の黒豚や鹿児島黒牛など、いわゆる肉をつかったお弁当で、魚をつかったものはほとんどありません。そのため、**魚をつかったお弁当も求められるのではないか**と考えたのです。

また、お弁当はだいたい値段が1000円くらいだったので、ぼくはあえて20

00円をこえるような高めの値段のお弁当をつくったらどうか、と考えました。

大きな容器にいろいろな具材を入れたお弁当をつくってみたのです。

ただ、この**「値段を高くする」案は試作開発の途中でやめました。**

料理教室の主婦の方たちに試作品を試食してもらったら、とても不評だったからです。彼女たちからは**「値段が高すぎる」「量が多すぎる」**といわれました。

そこでぼくは量を減らし、かつ、それまではごはんとおかずをそれぞれ別に分けていたのを、ごはんの上におかずをのっけることにしました。

なぜかというと、彼女たちから**「弁当箱が大きすぎる」**ともいわれたからです。

駅弁は旅行するときに食べるものです。そして旅行のときには、みんな大きな荷物をもっています。そこでお弁当も大きいと運びづらいから、容器は小さいほうが好まれたのです。

ただし、**小さくしても、「おかずの品数の多さ」は変えませんでした。**

主婦の方たちから**「ちょっとずつ、いろいろなものを食べたい」**という意見が出たからです。そのため、お弁当の容器を小さくして、ボリュームは減らしましたが、おかずの種類は変えなかったのです。

道の駅で80個のお弁当が2時間で完売！

こうして、試行錯誤の末に、ようやくぼくが納得できる「**桜島灰干し弁当**」ができあがります。

そこでぼくは、鹿児島県垂水市というところの道の駅でお弁当を販売してみました。

すると、おどろくことが起こります。

灰干しだけで売っているときにはまったく売れなかったのに、「**灰干し弁当**」**として販売したところ、どんどん売れたのです。**

最初は80個のお弁当をもっていったのですが、2時間くらいで完売しました。

なかには、10時半に1個買った人が、食べたあとにまたやってきて「おいしいから、もっとほしい」と、5個くらい追加で買っていくこともあったほどです。

なぜ、灰干しだけではまったく売れなかったのに、お弁当にしたとたんに、売れはじめたのか。理由はハッキリとはわかりませんが、**「灰干し以外のものも食べられる」という部分が大きかったのではないか**と思います。

よくわからない「灰干し」だけだと買おうとは思わないけれど、ほかのおかずといっしょになっていれば、**「ちょっと、試してみようか」**という気分になったのではないでしょうか。

そのあとも、道の駅で販売するたびに完売になり、自信がついたぼくは、さっそく**「桜島灰干し弁当」を駅弁として販売してもらえるように動き出しました。**

JRの駅弁販売を担当している会社に連絡して、説明しに行ったのです。

ただ最初は、新しい会社が駅でお弁当を売るのはむずかしい、といわれました。駅弁をずっと売りつづけている老舗のお弁当屋さんが5~6軒あり、売り場も限られているからです。

ただ、ここでラッキーだったのは、その会社の方が、ぼくのことを知っていてくれたことでした。

第2章で書いたように、料理教室が人気を博していたころ、ぼくはいろいろな場所で講演会をしたり、テレビの番組で料理コーナーを担当したりしていました。

会社の方はそうしたことを知っていて、**「椰木さんのお弁当だったら、一度販売してみましょうか」**という決断をしてくれたのです。

駅弁としても大成功！ 賞もとれた！

こういった幸運もあり、「桜島灰干し弁当」は2012年の9月から、JRの鹿児島中央駅で販売されることになりました。

すると、ここでもおどろくべきことが起こります。

なんと、**販売をはじめたその月から、鹿児島中央駅のお弁当の販売ランキングで、「桜島灰干し弁当」が売り上げ1位になったのです。**

それから、なんと「桜島灰干し弁当」は、87か月ものあいだ、ずっと1位をとりつづけました。また、2014年に行われた「第11回　九州駅弁グランプリ」では、第2位になったのです。

また、農林水産省の「第6回　フード・アクション・ニッポン　アワード2014」の「食文化賞」のひとつに、灰干しをつかったぼくの取り組みが選ばれます。**鹿児島県でとれた未利用魚を活用した成功例**であることが評価してもらえました。

このころから、テレビなどのメディアからの取材も増えていきました。そして、ぼくにとって、ひときわうれしいことが起こったのです。

ぼくはいろいろな仕事で奮闘している人を伝える『ガイアの夜明け』というテレビ番組が大好きで、よく見ていました。そしていつか、自分も『ガイアの夜明け』に登場したいと思っていたのです。

そんな目標としていたテレビ番組の制作スタッフの人から、ぼくのところに連絡が来たのは2017年のことでした。

最初、てっきりぼくはイタズラだと思って相手にしませんでした。

でも、3回くらい同じ方から連絡が来て、**「え、ほんとうに『ガイアの夜明け』ですか？」**と確認したのです。

それから4か月ほどの密着取材を受けて、ぼくが登場する番組がその年に放送されました。

まさにそれは、感動の瞬間でした。

「桜島灰干し弁当」が大成功を収めたことで、だんだんと「灰干し」だけでも売れていくようになりました。**お弁当をきっかけに一度食べてみてくれた方たちが、灰干しというもののおいしさに気づいてくれた**のです。

第4章

いまこそ知りたい和食のマナー

どうしてワサビは皿の右側に置くのか？

　ぼくは未利用魚の活用といっしょに**「和食の伝統と文化を人々に伝える」**という活動もしています。

　これは、ぼくが初めて働いた料亭での経験がきっかけでした。

　和食をつくるときには、いろいろなルールがあります。

　たとえば、ぼくは先輩から、**「お刺身のお皿にのせるワサビは、お皿の手前の右側に置かなければいけない」**と教わりました。

　しかし、なぜ右側でなければいけないのか。

　疑問に思ったぼくは周囲の人に聞きましたが、教えてもらえません。

　どうやら、彼らも理由はよくわからないまま、「ルールとして決まっているから、それを守っているだけ」のようでした。

ぼくはそういうことが気になるタイプなので、図書館に行って調べました。

すると、そこで初めてわかったのが、**日本料理で決められているさまざまなルールやマナーには、ちゃんと「そうするべき理由」がある**ということでした。

たとえば、「ワサビを刺身の皿の右側に置く」のは、**刺身を食べるときに最初に箸をつけるべきものがワサビだから**です。

まずワサビを箸でつまんで刺身の上にのせ、醤油につけて食べるのが、刺身の正しい食べ方です。世のなかには右利きの人のほうが多いから、動作がしやすいように、ワサビはお皿の手前、右側に置かなければいけません。

ちなみに、**刺身にワサビをつけるのは、ワサビに殺菌作用があるからです。**冷凍・冷蔵の技術がなかったむかしは、生の魚を食べるときは食中毒になる危険がいまよりありました。そのため、殺菌作用のあるものといっしょに食べることで、そうした食中毒のリスクを減らそうとしたのです。

このようにして自分で学んだことは、ぼくの大きな財産になりました。

たとえば、鹿児島に移ってから料理教室を開いたとき、ただ料理のつくり方を教えるだけではなく、こうした和食のルールやマナーを、理由といっしょにお伝えすることが、教室が人気になった理由のひとつでした。

旬のものを食べたほうが体にいいワケ

ぼくは講演でよく話すことがふたつほどあります。

ひとつは、和食でむかしから大切にされてきた「旬」についてです。

いまはスーパーマーケットに行けば、いろいろな野菜や果物が、一年中、いつでも買えます。

たとえば、いまなら真冬でもキュウリやトマトが食べられますね。でも、**キュウリやトマトの旬は夏です。**夏のほうが安くておいしいものが食べられます。

それだけではありません。**キュウリやトマトなどの夏野菜は、体を冷やす作用が**

あります。だから暑い夏に食べたほうがいいのです。

逆に**冬が旬の野菜は、カブや大根といった根菜類が多くなります。**

こうした根菜類は体をあたためるので、おでんに入れたり、煮物にしたりして、体があたたまる料理にするのです。

また、春の野菜には菜の花やふきのとうなど、にがみが強いものが多いです。**こうしたにがみは、病気などに対する抵抗力を高めるとされています。**

春は昼と夜の気温差がはげしく、体調をくずしやすい時期です。この時期の体調管理には、にがみのある野菜が役立つとされているのです。

地元でつくられたものを食べる大切さ

旬といっしょにもうひとつ、ぼくがよく伝えるのは「**身土不二**」です。

身土不二はもともと仏教の言葉ですが、明治時代に流行した「食養」の考え方から「**地元でとれる旬のものを食べると体によい**」ということを表す言葉として、いまはつかわれることが多いものです。

身土不二と似た言葉に「**三里四方**」もあります。

「里」とは距離を表すむかしの単位で、3里はだいたい12キロメートルです。つまり、「**自分が住んでいる場所から半径12キロメートル以内でつくられたものを食べれば健康になれる**」という考え方です。

いまは、地球の裏側で育てられた野菜でも食べられるようになりました。

保存や輸送の技術が発達して可能になったことですが、そうはいっても長距離を運ぶと、どうしても鮮度が落ちて、栄養価が下がってしまいます。

また、虫に食われたり、カビが生えたりしないように、**そうした食べものには、たくさんの農薬や防腐剤などがつかわれていることもあります。**

こうした農薬や防腐剤などは、できるだけ口にしないほうがいいでしょう。

そのためにできることが、自分たちが暮らしている場所で育てられた野菜や、とられた魚などを食べることです。

そのほうが、鮮度がよくて、安心なものが食べられるはずです。

また、**地元のものを積極的に食べることは、地元の農家さんや漁師さんなど、第一次産業を支えている人たちを助けることにもつながります。**

子どもと同じくらい「大人の食育」が必要

ぼくはこうした内容の講演会を、小・中学校、高校、大学などでもしています。

はじめは鹿児島県内の小学校から依頼されたのですが、だんだん福岡県や宮崎県、さらには東京都、宮城県の学校でもお話しする機会をいただくようになりました。

基本的に、話す内容は大人向けの講演と同じです。

ただ、ある日、ぼくの講演を聞いてくれた小学校6年生の方から、こんなことをいわれました。

「梛木先生のお話してくれた内容はたしかにそうだ、とすごく納得できました。でも、私たちはふだん食べるものを自分で選べません。学校でも家でも、出してもらったものを食べるしかないんです」

これはたしかに、そのとおりでした。

農林水産省では**「食育」**といって、子どもたちに食に対する正しい知識を身につけてもらうことをすすめています。

でも、とくに年齢が低いうちは、子どもたちはなにを食べるかを、なかなか自分で選ぶことができません。

そのため、ぼくは学校で講演を行うときはできるだけ、**まず子どもたちに話をして、そのあと保護者会を開いてもらうようにしました。**そして、保護者の方たちにも同じ内容を伝えるようにしたのです。

食育が必要なのは、むしろ保護者などの大人たちです。

大人たちも、じつは食事に対してあまり知識がありません。

だから、子どもも大人もいっしょになって学び、それぞれの家庭でいっしょに食べ方を変えていく必要があるのです。

「高校生レストラン」で学べること

また、ぼくが学校で取り組んだのが、**「高校生レストラン」**というプロジェクトです。

これは、**半年後に「1日だけオープンするレストラン」を計画し、それに向けてみんなで準備しよう、**というものです。

お客様は一般の方々をまねいて、コースでだいたい3000～4000円くらいの価格にし、ちゃんとお金をいただきます。

高校生レストランをスタートするときには、**まず生徒さんに、自分たちの地元でどんな野菜や果物が育てられているのか、どんな魚がとれるのか、どんな食べもの**

がつくられているのかを調査してまとめてもらいます。

それを報告してもらって、ぼくがレシピをつくります。

このレシピづくりも、ぼくが鹿児島で料理教室を実施したときに身につけた「つかう分量を細かく決める」という経験が活かされました。

レシピができたら、生徒さんたちにその料理をつくる練習をしてもらいます。

また、**レストランを開くには、料理をつくるだけではなく、その料理を運んだり、お客様を案内したりするサービスの人も必要です。**

サービスの人だって、ただ料理を運べばいいわけではありません。

きちんとお客様に、その料理がどんな食材をつかったどんな料理なのかを説明できないといけません。

そのため、サービスをする生徒さんたちにも、しっかり食材やレシピについて学んでもらいました。

また、同時に**彼らには日本料理のマナーなどについても学んでもらいます。**

お店の人がマナー違反をしてはいけないからです。

高校生レストランは講演会と比べると時間も手間もかかりますし、2020年から始まってしまったコロナ禍のときにはできませんでした。

そのため、まだ実績としては曽於高校や奄美高校など、鹿児島県内の学校で5回しかありません。

でも、どの高校生レストランでも、生徒さんの知り合いの方々に、40〜50人、多いときには100人くらいお越しいただけました。

「働く」ってなんだろう?

じつは、学校で授業をしたり、高校生レストランをやったりするとき、ぼくは食育だけではなく、ほかのことも子どもたちに教えています。それは「**働くとはどういうことか**」というものです。

なぜ、そんなことも教えているのか。

最初はただ、食育や和食のことについて教えていたのですが、子どもたちと話をしていると、彼らが**「大人になりたくない。働きたくない」**という思いを強くもっていることに気づいたからです。

なぜ、働くことがイヤだと感じているのか。

それは、**自分たちのまわりの大人たちがしんどそうで、たいへんそうで、つらそうに見える**からです。

でもぼくは、働くことを楽しんでいます。

たしかに、働いているとつらいことや、たいへんなこともたくさんあります。でも、それ以上に、**自分がやったことで人をよろこばせたり、世の中の役に立つことができたという楽しさ**があったりします。

ぼくは、**働くことは人をよろこばせることであり、人の役に立つことである**、と考えています。

もし、働くことが単にお金をかせぐための手段だとしたら、たしかにそれはつらいものになるでしょう。

でも、もしぼくと同じように感じられたら、**むしろ早く大人になって、人の役に立つ仕事をしたい**と考える子たちが増えると考えたのです。

実際、高校生レストランをやってみると、高校生たちはお客様から**「おいしかった」「ありがとう」**など、自分たちが半年かけてがんばってきたことに対して、直接感想や感謝の言葉をいただけます。

レストラン閉店後、やりがいを感じられたという高校生たちの話を聞くと、ぼくはうれしくていつも泣いてしまいます。

人をよろこばせる練習をしよう

学校の授業をお願いされたときも、ぼくは和食のことについてだけ話すのではなく、できるだけ子どもたちに働くことについてポジティブに考えてもらえるように**「人をよろこばせる練習」**をしてもらいます。

たとえばぼくは**「どうすれば人をよろこばせることができるか、それぞれ考えて発表する」**というワークに取り組んでもらったりします。

相手はだれでもかまいません。

友だちでも、家族でも、ご近所さんでも、遠くのだれかでもいいのです。

そのときに、ぼくはみんなにふたつのお願いをします。

（1）どんなアイディアも否定しない。「そんなの無理でしょ」「バカみたい」などといわない

（2）その人やアイディアのいいところを探す

どんな人にも、どんなアイディアにも「いいところ」と「悪いところ」の両方があります。

そこで**「いいところ」に注目しよう**ということです。

もちろん、「よくないところ」「直したほうがいいところ」を指摘してあげるのもやさしさです。でも、ダメ出しばかりされると、みんながアイディアを出すのをためらうようになってしまいます。

だから、**まずは「いいところ」を見つけて、相手や相手のアイディアを認めてあげる。**もし、直したほうがよいところがあれば、そのあとに指摘するほうがいいと思うのです。

フランスでも講演を依頼される

ぼくが講演を行うのは日本国内だけではありません。韓国やシンガポールなどの海外でも、和食についての講演をしてきました。

とくに何回も訪れて、お話ししたのは**フランス**です。

最初にフランスに行ったときは、パリ日本文化会館というところで講演をしたのですが、そのときには400人以上の方が集まりました。

フランスの人たちがアートやアニメ、食など、日本の文化に興味があるのはよく知られています。でも、三ツ星レストランのシェフでもない自分の話を聞くために、こんなにたくさんの人が集まることにおどろきました。

それからフランスには何回か行き、パリの日本大使公邸やマルセイユの総領事館などで**「一日総料理長」**をさせていただいたこともありました。

無形文化遺産「和食」を学ぼう

そこでさらにおどろくのが、**フランスの人たちの知的好奇心の旺盛さです。**

たとえば、世界的に見ても珍しい日本のマナーに「お皿を手にもってもいい」というものがあります。世界のいろいろなマナーを見ても、お皿を持ち上げていい国はほぼありません。

とはいえ、日本料理ならなんでもお皿を持ち上げてもいいわけではありません。フランスの人たちもそれがわかっているので、こんな質問をされます。

「日本の料理で、お皿を持ち上げていいものと、持ち上げてはいけないものはどうやって見分けるのか？」

じつは、こうしたフランスの人たちの素朴な疑問に対して、しっかりと答えられる日本人は多くありません。そのため、こうした質問に答えられるぼくが人気なのだと、現地の通訳の人に教えてもらいました。

ちなみに、**日本料理において「持ち上げてもいいお皿」とは、「片方の手のひらに収まるもの」です。**それよりも大きなお皿、たとえば刺身や焼き魚、煮魚などがのったものは、持ち上げてはいけないとされます。

また、日本人がやってしまいがちな**「手皿（お箸をもっていないほうの手をお皿のようにして、口まで運ぶ）」はマナー違反です。**

よく、刺身を食べるとき、醤油がたれないように手皿をやる人がいますが、そんなときは醤油の小皿を持ち上げて、口元まで運ぶようにしてください。

フランスの上流階級の人だと、むしろ日本人よりもこうした和食のマナーにくわしい人ばかりです。お箸もとてもきれいにあつかいます。

逆に、**仕事でフランスに暮らしている日本人でも、和食のマナーや作法を知らない人が少なくありません。**そのため、そうした人たちから、マナーを教えてほしいと頼まれることも、たくさんありました。

フランスでは仕事の会食の席で会席料理を食べることも多く、そのときに日本人である自分が相手のフランス人よりもマナーを知らないと、恥をかいてしまうからです。

新型コロナウイルスの感染拡大もようやく落ちつきを見せ、日本にも外国人観光客がたくさんやってくるようになっています。また、みなさんもこれから海外旅行に出かける機会が増えるかもしれません。

そんなときに出会った外国の人たちに日本料理のことを聞かれて、きちんとその理由までふくめて正しいことを教えられたほうが、かっこいいはずです。

せっかく無形文化遺産に登録された**「和食」**を日常的に食べられる日本人として生まれたのだから、ぜひみなさんも本を読んだりして、日本の食文化について学んでみてください。

おわりに

ぼくはいまも鹿児島に暮らしていて、地元の人たちとよく話をします。

そうすると、150年くらい前に江戸幕府をたおして、明治政府をつくるために尽力した人たちの子孫たちの話を聞くことがよくあります。鹿児島県西部はむかし薩摩藩とよばれ、薩摩の人たちは明治維新で活躍したからです。

たとえば、いまも鹿児島には江戸幕府をたおすときの中心的役割をになったひとりである西郷隆盛や、明治政府の基盤をつくった大久保利通など、日本史の教科書にのるような偉人のひ孫の方がいます。

ほかにも、明治政府の外交官として活躍した鮫島尚信、初代大警視（いまの警視総監）になり「日本警察の父」ともよばれる川路利良の子孫などもいます。

彼らから明治に活躍した人たちの話を聞いていると、ひとつの共通点が見えてきます。それは「彼らがみんな、50年先、100年先のことを考えて行動していた」ということです。

彼らはそれまでの江戸幕府による支配から、選挙を通じて政治家を選ぶという仕組みをつくりあげました。

しかし、そうした変化がすぐに全国に広まり、うまくいくとは考えていなかったのです。反対されたり、人々が混乱したりして、いろいろ問題も起こるだろうことを予想していました。

その代わり、彼らは50年先、100年先の未来では、いまこうして日本を変えたことが、自分たちの子孫のためになると信じて行動していたのです。

第1章でも少し述べたように、いま世界ではSDGsという言葉がもてはやされ、未来の人類のためになることをしようという運動が盛り上がっています。

でもじつは、明治の偉人たちはそれと同じように、長い目でものごとを見て、自分の利益ではなく、自分たちの子孫の利益になることを目指していたのです。

最初、ぼくが「未利用魚をつかって灰干しをつくり、売りたい」といったときには、ほぼすべての人から反対されました。従業員もぼくのもとから離れ、たくさんの借金もかかえ、追いつめられました。

それでもぼくがこの事業をつづけられた理由は、大きくふたつあります。

ひとつは、「だれもやっていないからこそ、おもしろい」と考えたからです。

地元のお年寄りたちに話を聞くと、どうも鹿児島でも、むかしは火山灰をつかった干物がつくられていた、といいます。

そうした習慣がいつのまにか失われてしまっていたのです。

それを復活させるようなかたちで、多くの人々が知らない「灰干し」というもののおいしさを広めることに、ぼくはワクワクしていました。

そしてもうひとつは、灰干しを広めることが、鹿児島や日本の未来にとっていい結果をもたらすと考えたからです。

そもそものきっかけは、地元の漁師さんたちを助けたいという思いです。せっかくとった魚の半分近くを捨てることに、漁師さんたちは心を痛めていました。また、日本人が食べる魚の量が減ったこともあって、収入の面でも漁師さんたちは苦しんでいます。

とくに最近だと、燃料代などが値上がりして、それも漁師さんたちを苦しめています。そうしたこともあり、日本では漁師になりたい人の数も減っています。

まずは、自分のすぐ近くにいる人たちを助けるために、料理人である自分ができることでなにか貢献したい。それが結果として、地元の人たちを助けることにつながるはずだと、ぼくは信じつづけました。

また、灰干し事業の成功をきっかけに未利用魚という問題があることが知られ、そしてそれがアイディア次第で解決できるとわかれば、日本全国で未利用魚をつかった特産品が生まれるかもしれません。

そうすれば、日本全国の漁師さんや地方経済の助けになると思ったのです。

明治時代をつくりあげた地元・薩摩の偉人たちにならい、遠い将来の理想を目指していたからこそ、ぼくはまわりから反対されても、がんばれました。

この本を読んでいる人のなかには、やりたいこと、将来の夢がある人がいると思います。そんなあなたはこれから先、いろいろな問題にぶつかるかもしれません。人の意見に耳をかたむけるのも大切です。

でも、自分のやりたいことがどんなすてきな未来をもたらすのかを考えつづけて、かんたんにはあきらめないでください。

まだ将来の夢が決まっていなかったり、やりたいことがなかったりする人は、ぜひ、ぼくがこの本で紹介した未利用魚や、日本の漁業、あるいは和食のマナーや文化について、もっと学んでみてください。

いろいろな知識を身につけたり、人に出会ったり、経験をしていくことで、やりたいことや夢が思いがけず見つかることがあります。

この本がひとりでも多くの人のお役に立てることを心より祈っています。

梛木 春幸（なぎ・しゅんこう）

鹿児島県在住の食育日本料理家。食育の講演活動、商品開発、地域活性化事業、仕出し、料理プロデュースなどを行う株式会社樹楽代表取締役社長。日本各地の自治体、企業、小・中学校、高校などで年間200以上の講演活動をしているほか、フランス、韓国、シンガポールなど海外でも各種のイベントを開催している。地元の食材をつかって高校生たちに1日だけのレストランを経営してもらう「高校生レストラン」や、捨てられてしまう魚を地元・桜島の火山灰を利用した干物にしてつかった「桜島灰干し弁当」を開発するなど、食育や地域活性化を促進する活動はメディアにたびたび取り上げられる。モットーは「日本の食文化で世界を笑顔にする」。

捨てられる魚たち

「未利用魚」から生まれた奇跡の灰干し弁当ものがたり

2024年1月23日　第1刷発行
2024年6月14日　第2刷発行

著　者　梛木春幸
発行者　森田浩章
発行所　株式会社講談社
〒112-8001
東京都文京区音羽2-12-21
電話　編集　03-5395-3535
販売　03-5395-3625
業務　03-5395-3615

印刷所　共同印刷株式会社
製本所　株式会社若林製本工場

N.D.C. 660　95p　19cm
ISBN978-4-06-533807-0